前言

柑橘是我国种植规模与产量最大的果树。20世纪90年代以来，经过30余年的快速发展，我国柑橘种植面积达260余万公顷，产量超过4 500万吨，面积和产量均位居全球之首。浙江省柑橘栽培历史悠久，距今约有2 400年。春秋战国时期《列子·汤问》记载："吴楚之国有大木焉，其名为櫾。"宋代苏轼于杭州作诗《赠刘景文》，诗曰："荷尽已无擎雨盖，菊残犹有傲霜枝。一年好景君须记，最是橙黄橘绿时。"描绘出一幅橘挂枝头生机盎然的景象。浙江省自然条件优越，气候温暖湿润，适宜柑橘的栽培。目前，浙江省柑橘栽培面积约有133万亩*，产量192万吨，产值45亿元，主产区有台州、衢州、宁波、丽水、杭州、金华、温州等。

随着浙江省对柑橘产业的调整，柑橘产业开展了一系列提质增效的行动，这期间，推广应用了一批创新柑橘良种，其中就有

---

* 亩为非法定计量单位，1亩＝1/15公顷。——编者注

甜桔[*]柚。甜桔柚是温州蜜柑和八朔柚杂交而成的一种杂柑，20世纪80年代引入庆元，逐步发展成造福一方的富民产业。2020年浙江省启动首批“浙江省农业标准化生产示范创建”（“一县一品一策”）项目，庆元甜桔柚产业列入其中。在该项目带动下，庆元县农业农村局和浙江省农业科学院农产品质量安全与营养研究所围绕庆元甜桔柚质量安全风险隐患排查、标准化生产技术提升、安全用药和品质提升等方面开展甜桔柚用药和质量安全风险管控技术研究和应用。在前期工作基础上，将庆元甜桔柚全产业链质量安全风险管控技术综合形成本手册。

感谢浙江省农业农村厅、浙江省财政厅对“一县一品一策”项目的大力支持。本手册在编写过程中得到了相关专家的悉心指导，有关同行提供了相关资料，谨在此致以衷心的感谢。由于作者水平有限，加之编写时间仓促，书中难免存在疏漏，敬请广大读者批评指正。

编　者

2022年5月

* 本书甜桔柚参照农产品地理标志登记证书所载使用“桔”字。——编者注

目　　录

一、概　　述

浙江省庆元县柑橘种植历史悠久，距今已有200余年。1984年，浙江省柑橘研究所从日本引进了甜春桔柚（sweet spring tangelo）在浙江多地试种。随后庆元县在蜜橘的老树上进行了高接，而后通过芽变选育出少籽或无籽甜桔柚品种，并通过了省级品种审定，以独特的优良品质闻名遐迩。

甜桔柚口感酸甜清爽，果实大小均匀，且丰产稳产，抗逆性

强，耐贮存，深受广大消费者喜爱。2003—2018年，庆元甜桔柚连续十四届荣获浙江省农业博览会金奖。2008年荣获中国绿色食品博览会畅销产品奖，并入选“2017浙江省十佳柑橘”。2019年，获得国家农产品地理标志登记证书。2021年4月，入选2021年第一批全国名特优新农产品名录。经过20余年的培育和发展，甜桔柚已成为庆元县的特色优势产业，庆元县成为全国最大的甜桔柚产区，并在上海、北京、浙江、江苏、福建、贵州等地建立了稳定的营销网络。目前，庆元县甜桔柚种植面积已达1 000公顷，总产量达2.12万吨，年产值2.1亿元。甜桔柚产业成为庆元县山区农业增收的主导产业之一。

二、甜桔柚质量安全要求

甜桔柚以温州蜜柑为母本、八朔柚为父本杂交培育而成。甜桔柚属于杂柑类水果。根据我国《食品安全国家标准　食品中农药最大残留限量》（GB 2763—2021）的要求，柑橘类水果——柑的农药最大残留限量有209项，具体见表1。

表1　柑橘类水果——柑的农药最大残留限量

农药中文名称	农药英文名称	分类	最大残留限量（毫克/千克）	每日允许摄入量（毫克/千克）（以体重计）
2,4-滴和2,4-滴钠盐	2,4-D and 2,4-D Na	除草剂	0.1	0.01
2甲4氯（钠）	MCPA（sodium）	除草剂	0.1	0.1
阿维菌素	abamectin	杀虫剂	0.02	0.001
百草枯	paraquat	除草剂	0.2*	0.005
百菌清	chlorothalonil	杀菌剂	1	0.02

（续）

农药中文名称	农药英文名称	分类	最大残留限量（毫克/千克）	每日允许摄入量（毫克/千克）（以体重计）
苯丁锡	fenbutatin oxide	杀螨剂	1	0.03
苯菌灵	benomyl	杀菌剂	5	0.1
苯硫威	fenothiocarb	杀螨剂	0.5*	0.007 5*
苯螨特	benzoximate	杀螨剂	0.3*	0.15*
苯醚甲环唑	difenoconazole	杀菌剂	0.2	0.01
苯嘧磺草胺	saflufenacil	除草剂	0.05*	0.05
苯氧威	fenoxycarb	杀虫剂	0.5*	0.053
吡丙醚	pyriproxyfen	杀虫剂	2	0.1
吡虫啉	imidacloprid	杀虫剂	1	0.06
吡唑醚菌酯	pyraclostrobin	杀菌剂	3	0.03
苄嘧磺隆	bensulfuron-methyl	除草剂	0.02	0.2
丙炔氟草胺	flumioxazin	除草剂	0.05	0.02
丙森锌	propineb	杀菌剂	5	0.007
丙溴磷	profenofos	杀虫剂	0.2	0.03

（续）

农药中文名称	农药英文名称	分类	最大残留限量（毫克/千克）	每日允许摄入量（毫克/千克）（以体重计）
草铵膦	glufosinate-ammonium	除草剂	0.5	0.01
草甘膦	glyphosate	除草剂	0.5	1
虫螨腈	chlorfenapyr	杀虫剂	1	0.03
除草定	bromacil	除草剂	0.1	0.1
除虫脲	diflubenzuron	杀虫剂	1	0.02
春雷霉素	kasugamycin	杀菌剂	0.1*	0.113
哒螨灵	pyridaben	杀螨剂	2	0.01
代森联	metiram	杀菌剂	5	0.03
代森锰锌	mancozeb	杀菌剂	5	0.03
代森锌	zineb	杀菌剂	5	0.03
单甲脒和单甲脒盐酸盐	semiamitraz and semiamitraz chloride）	杀虫剂	0.5	0.004
稻丰散	phenthoate	杀虫剂	1	0.003
敌草快	diquat	除草剂	0.1	0.006

（续）

农药中文名称	农药英文名称	分类	最大残留限量（毫克/千克）	每日允许摄入量（毫克/千克）（以体重计）
丁氟螨酯	cyflumetofen	杀螨剂	5	0.1
丁醚脲	diafenthiuron	杀虫剂/杀螨剂	0.2	0.003
啶虫脒	acetamiprid	杀虫剂	0.5	0.07
毒死蜱	chlorpyrifos	杀虫剂	1	0.01
多菌灵	carbendazim	杀菌剂	5	0.03
噁唑菌酮	famoxadone	杀菌剂	1	0.006
二氰蒽醌	dithianon	杀菌剂	3*	0.01
呋虫胺	dinotefuran	杀虫剂	1	0.2
氟苯脲	teflubenzuron	杀虫剂	0.5	0.005
氟吡呋喃酮	flupyradifurone	杀虫剂	1*	0.08
氟吡菌酰胺	fluopyram	杀菌剂	1*	0.01
氟虫脲	flufenoxuron	杀虫剂	0.5	0.04
氟啶胺	fluazinam	杀菌剂	2	0.01
氟啶虫胺腈	sulfoxaflor	杀虫剂	2*	0.05

（续）

农药中文名称	农药英文名称	分类	最大残留限量（毫克/千克）	每日允许摄入量（毫克/千克）（以体重计）
氟啶脲	chlorfluazuron	杀虫剂	0.5	0.005
氟硅唑	flusilazole	杀菌剂	2	0.007
氟环唑	epoxiconazole	杀菌剂	1	0.02
氟节胺	flumetralin	植物生长调节剂	0.2	0.5
福美双	thiram	杀菌剂	5	0.01
复硝酚钠	sodium nitrophenolate	植物生长调节剂	0.1*	0.003
甲氨基阿维菌素苯甲酸盐	emamectin benzoate	杀虫剂	0.01	0.000 5
甲基硫菌灵	thiophanate-methyl	杀菌剂	5	0.09
甲氰菊酯	fenpropathrin	杀虫剂	5	0.03
腈菌唑	myclobutanil	杀菌剂	5	0.03
克菌丹	captan	杀菌剂	5	0.1
苦参碱	matrine	杀虫剂	1*	0.1

（续）

农药中文名称	农药英文名称	分类	最大残留限量（毫克/千克）	每日允许摄入量（毫克/千克）（以体重计）
喹啉铜	oxine-copper	杀菌剂	5	0.02
喹硫磷	quinalphos	杀虫剂	0.5*	0.000 5
联苯肼酯	bifenazate	杀螨剂	0.7	0.01
联苯菊酯	bifenthrin	杀虫/杀螨剂	0.05	0.01
螺虫乙酯	spirotetramat	杀虫剂	1*	0.05
螺螨酯	spirodiclofen	杀螨剂	0.5	0.01
氯氟氰菊酯和高效氯氟氰菊酯	cyhalothrin and lambda-cyhalothrin	杀虫剂	0.2	0.02
氯氰菊酯和高效氯氰菊酯	cypermethrin and beta-cypermethrin	杀虫剂	1	0.02
氯噻啉	imidaclothiz	杀虫剂	0.2*	0.025
马拉硫磷	malathion	杀虫剂	2	0.3
咪鲜胺和咪鲜胺锰盐	prochloraz and prochloraz-manganese chloride complex	杀菌剂	5	0.01

（续）

农药中文名称	农药英文名称	分类	最大残留限量（毫克/千克）	每日允许摄入量（毫克/千克）（以体重计）
嘧菌酯	azoxystrobin	杀菌剂	1	0.2
萘乙酸和萘乙酸钠	1-naphthylacetic acid and sodium 1-naphthalacitic acid	植物生长调节剂	0.05	0.15
氰戊菊酯和S-氰戊菊酯	fenvalerate and esfenvalerate	杀虫剂	1	0.02
炔螨特	propargite	杀螨剂	5	0.01
噻虫胺	clothianidin	杀虫剂	0.5	0.1
噻虫啉	thiacloprid	杀虫剂	0.5	0.01
噻菌灵	thiabendazole	杀菌剂	10	0.1
噻螨酮	hexythiazox	杀螨剂	0.5	0.03
噻嗪酮	buprofezin	杀虫剂	0.5	0.009
噻唑锌	zinc thiazole	杀菌剂	0.5*	0.01
三唑磷	triazophos	杀虫剂	0.2	0.001
三唑酮	triadimefon	杀菌剂	1	0.03

（续）

农药中文名称	农药英文名称	分类	最大残留限量（毫克/千克）	每日允许摄入量（毫克/千克）（以体重计）
三唑锡	azocyclotin	杀螨剂	2	0.003
杀铃脲	triflumuron	杀虫剂	0.05	0.014
杀螟丹	cartap	杀虫剂	3	0.1
虱螨脲	lufenuron	杀虫剂	0.5	0.02
双胍三辛烷基苯磺酸盐	iminoctadinetris（albesilate）	杀菌剂	3*	0.009
双甲脒	amitraz	杀螨剂	0.5	0.01
四螨嗪	clofentezine	杀螨剂	0.5	0.02
肟菌酯	trifloxystrobin	杀菌剂	0.5	0.04
戊唑醇	tebuconazole	杀菌剂	2	0.03
烯啶虫胺	nitenpyram	杀虫剂	0.5	0.53
烯效唑	uniconazole	植物生长调节剂	0.3	0.02
烯唑醇	diniconazole	杀菌剂	1	0.005
硝虫硫磷	xiaochongliulin	杀虫剂	0.5*	0.01

（续）

农药中文名称	农药英文名称	分类	最大残留限量（毫克/千克）	每日允许摄入量（毫克/千克）（以体重计）
溴菌腈	bromothalonil	杀菌剂	0.5*	0.001
溴螨酯	bromopropylate	杀螨剂	2	0.03
溴氰菊酯	deltamethrin	杀虫剂	0.05	0.01
亚胺硫磷	phosmet	杀虫剂	5	0.01
亚胺唑	imibenconazole	杀菌剂	1*	0.009 8
烟碱	nicotine	杀虫剂	0.2	0.000 8
乙基多杀菌素	spinetoram	杀虫剂	0.15*	0.05
乙螨唑	etoxazole	杀螨剂	0.5	0.05
乙氧氟草醚	oxyfluorfen	除草剂	0.05	0.03
乙唑螨腈	cyetpyrafen	杀螨剂	1*	0.1
抑霉唑	imazalil	杀菌剂	5	0.03
抑霉唑硫酸盐	imazalil sulfate	杀菌剂	5	0.03
唑螨酯	fenpyroximate	杀螨剂	0.2	0.01
胺苯磺隆	ethametsulfuron	除草剂	0.01	0.2

（续）

农药中文名称	农药英文名称	分类	最大残留限量（毫克/千克）	每日允许摄入量（毫克/千克）（以体重计）
巴毒磷	crotoxyphos	杀虫剂	0.02*	暂无
倍硫磷	fenthion	杀虫剂	0.05	0.007
苯线磷	fenamiphos	杀虫剂	0.02	0.000 8
吡氟禾草灵和精吡氟禾草灵	fluazifop and fluazifop-P-butyl	除草剂	0.01	0.004
丙酯杀螨醇	chloropropylate	杀虫剂	0.02*	暂无
草枯醚	chlornitrofen	除草剂	0.01*	暂无
草芽畏	2,3,6-TBA	除草剂	0.01*	暂无
虫酰肼	tebufenozide	杀虫剂	2	0.02
除虫菊素	pyrethrins	杀虫剂	0.05	0.04
敌百虫	trichlorfon	杀虫剂	0.2	0.002
敌敌畏	dichlorvos	杀虫剂	0.2	0.004
地虫硫磷	fonofos	杀虫剂	0.01	0.002
丁硫克百威	carbosulfan	杀虫剂	0.01	0.01

（续）

农药中文名称	农药英文名称	分类	最大残留限量（毫克/千克）	每日允许摄入量（毫克/千克）（以体重计）
啶酰菌胺	boscalid	杀菌剂	2	0.04
毒虫畏	chlorfenvinphos	杀虫剂	0.01	0.000 5
毒菌酚	hexachlorophene	杀菌剂	0.01*	0.000 3
对硫磷	parathion	杀虫剂	0.01	0.004
多杀霉素	spinosad	杀虫剂	0.3*	0.02
二甲戊灵	pendimethalin	除草剂	0.03	0.1
二溴磷	naled	杀虫剂	0.01*	0.002
氟吡甲禾灵和高效氟吡甲禾灵	haloxyfop-methyl and haloxyfop-P-methyl	除草剂	0.02*	0.000 7
氟虫腈	fipronil	杀虫剂	0.02	0.000 2
氟除草醚	fluoronitrofen	除草剂	0.01*	暂无
氟氯氰菊酯和高效氟氯氰菊酯	cyfluthrin and beta-cyfluthrin	杀虫剂	0.3	0.04
咯菌腈	fludioxonil	杀菌剂	10	0.4

（续）

农药中文名称	农药英文名称	分类	最大残留限量（毫克/千克）	每日允许摄入量（毫克/千克）（以体重计）
格螨酯	2,4-dichlorophenyl benzenesulfonate	杀螨剂	0.01*	暂无
庚烯磷	heptenophos	杀虫剂	0.01*	0.003*
环螨酯	cycloprate	杀螨剂	0.01*	暂无
活化酯	acibenzolar-S-methyl	杀菌剂	0.015	0.08
甲胺磷	methamidophos	杀虫剂	0.05	0.004
甲拌磷	phorate	杀虫剂	0.01	0.000 7
甲磺隆	metsulfuron-methyl	除草剂	0.01	0.25
甲基对硫磷	parathion-methyl	杀虫剂	0.02	0.003
甲基硫环磷	phosfolan-methyl	杀虫剂	0.03*	暂无
甲基异柳磷	isofenphos-methyl	杀虫剂	0.01*	0.003
甲霜灵和精甲霜灵	metalaxyl and metalaxyl-M	杀菌剂	5	0.08
甲氧虫酰肼	methoxyfenozide	杀虫剂	2	0.1
甲氧滴滴涕	methoxychlor	杀虫剂	0.01	0.005

（续）

农药中文名称	农药英文名称	分类	最大残留限量（毫克/千克）	每日允许摄入量（毫克/千克）（以体重计）
腈苯唑	fenbuconazole	杀菌剂	0.5	0.03
久效磷	monocrotophos	杀虫剂	0.03	0.000 6
抗蚜威	pirimicarb	杀虫剂	3	0.02
克百威	carbofuran	杀虫剂	0.02	0.001
乐果	dimethoate	杀虫剂	0.01	0.002
乐杀螨	binapacryl	杀螨剂、杀菌剂	0.05*	暂无
邻苯基苯酚	2-phenylphenol	杀菌剂	10	0.4
磷胺	phosphamidon	杀虫剂	0.05	0.000 5
硫丹	endosulfan	杀虫剂	0.05	0.006
硫环磷	phosfolan	杀虫剂	0.03	0.005
硫线磷	cadusafos	杀虫剂	0.005	0.000 5
氯苯甲醚	chloroneb	杀菌剂	0.01	0.013
氯虫苯甲酰胺	chlorantraniliprole	杀虫剂	0.5*	2

（续）

农药中文名称	农药英文名称	分类	最大残留限量（毫克/千克）	每日允许摄入量（毫克/千克）（以体重计）
氯磺隆	chlorsulfuron	除草剂	0.01	0.2
氯菊酯	permethrin	杀虫剂	2	0.05
氯酞酸	chlorthal	除草剂	0.01*	0.01
氯酞酸甲酯	chlorthal-dimethyl	除草剂	0.01	0.01
氯唑磷	isazofos	杀虫剂	0.01	0.000 05
茅草枯	dalapon	除草剂	0.01*	0.03
嘧霉胺	pyrimethanil	杀菌剂	7	0.2
灭草环	tridiphane	除草剂	0.05*	0.003*
灭多威	methomyl	杀虫剂	0.2	0.02
灭螨醌	acequincyl	杀螨剂	0.01	0.023
灭线磷	ethoprophos	杀线虫剂	0.02	0.000 4
内吸磷	demeton	杀虫/杀螨剂	0.02	0.000 04
噻虫嗪	thiamethoxam	杀虫剂	0.5	0.08
三氟硝草醚	fluorodifen	除草剂	0.01*	暂无
三氯杀螨醇	dicofol	杀螨剂	0.01	0.002

（续）

农药中文名称	农药英文名称	分类	最大残留限量（毫克/千克）	每日允许摄入量（毫克/千克）（以体重计）
杀虫脒	chlordimeform	杀虫剂	0.01	0.001
杀虫畏	tetrachlorvinphos	杀虫剂	0.01	0.002 8
杀螟硫磷	fenitrothion	杀虫剂	0.5	0.006
杀扑磷	methidathion	杀虫剂	0.05	0.001
杀线威	oxamyl	杀虫剂	5*	0.009
水胺硫磷	isocarbophos	杀虫剂	0.02	0.003
速灭磷	mevinphos	杀虫剂、杀螨剂	0.01	0.000 8
特丁硫磷	terbufos	杀虫剂	0.01*	0.000 6
特乐酚	dinoterb	除草剂	0.01*	暂无
涕灭威	aldicarb	杀虫剂	0.02	0.003
戊硝酚	dinosam	杀虫剂、除草剂	0.01*	暂无
烯虫炔酯	kinoprene	杀虫剂	0.01*	暂无
烯虫乙酯	hydroprene	杀虫剂	0.01*	0.1

（续）

农药中文名称	农药英文名称	分类	最大残留限量（毫克/千克）	每日允许摄入量（毫克/千克）（以体重计）
消螨酚	dinex	杀螨剂、杀虫剂	0.01*	0.002
辛硫磷	phoxim	杀虫剂	0.05	0.004
溴甲烷	methyl bromide	熏蒸剂	0.02*	1
溴氰虫酰胺	cyantraniliprole	杀虫剂	0.7*	0.03
氧乐果	omethoate	杀虫剂	0.02	0.000 3
乙酰甲胺磷	acephate	杀虫剂	0.02	0.03
乙酯杀螨醇	chlorobenzilate	杀螨剂	0.01	0.02
抑草蓬	erbon	除草剂	0.05*	暂无
茚草酮	indanofan	除草剂	0.01*	0.003 5
蝇毒磷	coumaphos	杀虫剂	0.05	0.000 3
增效醚	piperonyl butoxide	增效剂	5	0.2
治螟磷	sulfotep	杀虫剂	0.01	0.001

（续）

农药中文名称	农药英文名称	分类	最大残留限量（毫克/千克）	每日允许摄入量（毫克/千克）（以体重计）
艾氏剂	aldrin	杀虫剂	0.05	0.000 1
滴滴涕	DDT	杀虫剂	0.05	0.01
狄氏剂	dieldrin	杀虫剂	0.02	0.000 1
毒杀芬	camphechlor	杀虫剂	0.05*	0.000 25
六六六	HCH	杀虫剂	0.05	0.005
氯丹	chlordane	杀虫剂	0.02	0.000 5
灭蚁灵	mirex	杀虫剂	0.01	0.000 2
七氯	heptachlor	杀虫剂	0.01	0.000 1
异狄氏剂	endrin	杀虫剂	0.05	0.000 2
保棉磷	azinphos-methyl	杀虫剂	1	0.03

*该限量为临时限量。

三、产地环境要求

1.气候条件

庆元县年平均气温18℃左右，年平均降水量约1 700毫米，无霜期约255天。适宜甜桔柚生长。

2.环境质量

甜桔柚适宜栽培地区应环境良好，远离城区、工矿区、交通主干线、工业污染源和生活垃圾场等。

环境空气质量应符合《环境空气质量标准》（GB 3095—2012）的要求。灌溉水和土壤环境质量应符合《无公害农产品　种植产地环境条件》（NY/T 5010—2016）和《土壤环境质量　农用地土壤污染风险管控标准》（GB 15618—2018）的要求。具体要求见表2至表5。

表2　环境空气质量标准（GB 3095—2012）

污染物项目	平均时间	浓度限值		单位
		一级	二级	
二氧化硫（SO_2）	年平均	20	60	微克/米^3
	24小时平均	50	150	
	1小时平均	150	500	
二氧化氮（NO_2）	年平均	40	40	
	24小时平均	80	80	
	1小时平均	200	200	

（续）

污染物项目	平均时间	浓度限值		单位
		一级	二级	
一氧化碳（CO）	24小时平均	4	4	毫克/米^3
	1小时平均	10	10	
臭氧（O_3）	日最大8小时平均	100	160	微克/米^3
	1小时平均	160	200	
颗粒物（粒径小于等于10微米）	年平均	40	70	
	24小时平均	50	150	
颗粒物（粒径小于等于2.5微米）	年平均	15	35	
	24小时平均	35	75	

表3　灌溉水基本指标（NY/T 5010—2016）

项目	指标			
	水田	旱地	菜地	食用菌
pH	5.5 ～ 8.5			6.5 ～ 8.5
总汞（毫克/升）	≤0.001			≤0.001
总镉（毫克/升）	≤0.01			≤0.005

（续）

项目	指标			
	水田	旱地	菜地	食用菌
总砷（毫克/升）	≤0.05	≤0.1	≤0.05	≤0.01
总铅（毫克/升）	≤0.2			≤0.01
铬（六价）（毫克/升）	≤0.1			≤0.05

注：对实行水旱轮作、菜粮套种或果粮套种等种植方式的农地，执行其中较低标准值的一项作物的标准值。

表4　灌溉水选择性指标（NY/T 5010—2016）

项目	指标			
	水田	旱地	菜地	食用菌
氧化物（毫克/升）	≤0.5			≤0.05
化学需氧量（毫克/升）	≤150	≤200	≤100[a]，≤60[b]	—
挥发酚（毫克/升）	≤1			≤0.002
石油类（毫克/升）	≤5	≤10	≤1	—
全盐量（毫克/升）	≤1 000（非盐碱土地区），≤2 000（盐碱土地区）			—

（续）

项目	指标			
	水田	旱地	菜地	食用菌
每100毫升水中粪大肠菌群数	≤4 000	≤4 000	≤2 000[a]，≤1 000[b]	—

注：对实行水旱轮作、菜粮套种或果粮套种等种植方式的农地，执行其中较低标准值的一项作物的标准值。

a加工、烹饪及去皮蔬菜。

b生食类蔬菜、瓜类和草本水果。

表5　土壤质量标准（GB 15618—2018）

单位：毫克/千克

污染物项目		风险筛选值			
		pH≤5.5	5.5＜pH≤6.5	6.5＜pH≤7.5	pH＞7.5
镉	水田	0.3	0.4	0.6	0.8
	其他	0.3	0.3	0.3	0.6
汞	水田	0.5	0.5	0.6	1.0
	其他	1.3	1.8	2.4	3.4

（续）

污染物项目		风险筛选值			
		pH≤5.5	5.5＜pH≤6.5	6.5＜pH≤7.5	pH＞7.5
砷	水田	30	30	25	20
	其他	40	40	30	25
铅	水田	80	100	140	240
	其他	70	90	120	170
铬	水田	250	250	300	350
	其他	150	150	200	250
铜	水田	150	150	200	200
	其他	50	50	100	100
镍		60	70	100	190
锌		200	200	250	300

注：1. 重金属和类金属砷均按元素总量计。

2. 对于水旱轮作地，采用其中较严格的风险筛选值。

3.地形地势

海拔不高于450米，坡度25°以下，背风温暖向阳，土层深厚肥沃，排水保水良好的缓坡及平地。

4.土壤条件

土壤疏松肥沃，土壤pH以5.5 ～ 6.5为宜，有机质含量宜在1.5%以上，土层深厚，活土层宜在50厘米以上，地下水位在1米以下。

四、甜桔柚基地建设

生产基地可新建，也可由老果园改造。基地内应水、电、路配套，排灌方便。依据地势设计果园格局，坡缓为平面形，坡陡则为阶梯形。

1.基地道路

果园内应有完善的道路系统，设置有主干道、支道和操作道。主干道应硬化处理，贯穿全园并与外部道路相通；支道与主干道衔接并和果园小区相连，能通行拖拉机和小型果园机械。

2.排灌设施

修筑必要的排灌和蓄水设施，使排灌方便，达到雨后不积水、干旱能灌溉。有条件的基地可配套建设果园喷灌或滴灌系统。

3.修筑水平带

坡地果园修筑水平带，水平带宽度保持在3.5米以上，内侧挖“竹节沟”，梯面略向内倾斜，梯地水平走向应有0.3%～0.5%的比降，水平带最高一层上面设拦洪沟，沿盘山道路内侧开排水沟。

4.大棚构建

甜桔柚栽培可采用露地栽培模式或设施大棚栽培模式。通过大棚构建，对甜桔柚进行避雨栽培。大棚构建要求如下。

①采用钢架结构单体或连栋拱棚，以棚高5米以上，棚肩高4.0米以上，大棚拱距7.0 ～ 9.0米，长40米为宜。

②棚顶和接近地面处均放置温度计、湿度计各1只。配备自动喷淋、卷膜、遮阳、防虫等设施设备。

5.水肥设施

①排水不畅的地块应修建排水沟。每公顷应配置22.5米^3（每亩1.5米^3）蓄水池。定期监测水质、pH等指标。

②对于有设施的生产基地，应实施水肥一体化管理。

6.其他基础设施及设备

①生产用电应符合安全要求，电源到田头，设施规范，便于机械作业。

②选择与甜桔柚没有共生性病虫害的速生树种，在有条件的地块营造防风林。

③建有果品预存仓库、投入品仓库及农药配制室等。其中果品预存仓库和投入品仓库应分开。

④管理人员办公室、生活用房等分区合理，其建设标准应根据建筑物用途和建设地区条件等合理确定。

⑤配有专用的农药喷洒用具及其他农用器具。有条件的地块配备杀虫灯、黄板、防虫网、性诱器等绿色防控设施。

⑥在生产基地各个区域设置区域名称标牌、田块标牌和道路指引牌等标识。

五、标准化种植技术

1.定植时间

春季定植时间为2月下旬至3月；秋季定植时间为9月下旬至10月。

2.定植密度

丘陵坡地：株距×行距为（3.5～4.0）米×（3.5～4.5）米；平地：株距×行距为（4.0～4.5）米×（4.5～5.0）米。

3.定植方式

(1) 丘陵坡地定植

在梯面中心线稍外侧挖宽1米、深0.7米的定植穴(沟)，然后每公顷施饼肥4～5吨加畜禽肥或土杂肥30～40吨，与穴（沟）土拌匀，回填入定植穴（沟）压实并施适量石灰，培肥土壤高出梯面20～30厘米。秋季至冬季开穴填土，次年春季栽植。

（2）平地定植

平地起垄做畦或挖穴（沟）定植。按株行距要求，挖宽1.0米、深0.7米的穴（沟），填压基肥，每公顷施入饼肥4～5吨加畜禽肥或土杂肥30～40吨，覆土填实，培肥土壤高出地面20～30厘米。

4.栽种

在定植穴或定植沟中心挖好种植穴，施入0.5千克钙镁磷肥，并拌和土壤，然后把苗木垂直放在穴中，将根系自然舒展，用细土填入根间，一层根一层土，边填边压实，并使苗木嫁接口背风，高出土面，浇足定根水，保持土壤湿润，天晴风大时则勤浇水保湿。隔10～15天检查成活情况，发现死苗及时补种。

5.修剪

(1)修剪时间

一般分为两次：2—3月春季萌芽前修剪；5—10月根据生长情况进行辅助修剪。

(2)幼龄树的修剪

梢长20 ~ 25厘米时摘心，摘心至9月下旬，之后抽发的晚秋梢全部抹除。

(3)生长结果期的修剪

秋梢放梢前抹除早期零星萌发的芽，达到整齐放梢，利于潜叶蛾防治，修剪宜轻，适当删密留疏，对扰乱树形的徒长枝和直立枝进行拉枝，改变生长角度，或从基部剪除，对可利用的徒长枝短截或拉枝以填补空缺。

(4)盛果期的修剪

① 多花树重剪，疏删与短截结合；少花树轻剪，仅去除部分密生枝和细弱枝。枯枝、病虫枝从基部剪除；回缩衰退枝，疏删丛生枝、弱枝，徒长枝原则上从基部剪除，但树冠较空虚时，可利用徒长枝拉枝或短截以填

补空缺。

②对树冠直立，主枝或副主枝过多，严重影响通风透光的树冠，适当从基部去除1～2个遮阴严重的主枝或副主枝，回缩部分侧枝和结果枝群。

③直立枝适度拉枝，促其结果。

(5) 修剪要求

修剪顺序为先大枝后小枝，先上后下，先内后外；剪口、锯口应平整，锯口或大伤口应涂封蜡保护剂或用嫁接膜包扎；对多次抹芽后产生的叶节瘤，应在最后一次抹芽时剪除；对修剪后的枝叶，应运离果园。

6.花果管理

(1) 保花保果

①时间。4月底至6月底。

②控梢保果。春梢长至5～10厘米时，按“三疏一”“五疏二”疏梢，疏除细弱与特强春梢，留中庸春梢；适当疏去树冠顶部及外部的营养枝，内膛和下部的

留5～7叶摘心，抹去5月至7月上旬抽生的夏梢；旺长树或遇到异常气候时在盛花期副主枝上适度环割1～2圈。

③营养保果。视树体情况开花后不定期根外追肥，补充树体所缺的营养元素，常用0.3%尿素加0.2%磷酸二氢钾和0.15%硼砂喷施叶面。

④植物生长调节剂保果。不提倡使用，但遇花期、谢花期异常高温达30～36℃时，可喷1次50毫克/千克赤霉素。花量少、长势旺的树可喷布500～750毫克/千克多效唑抑制春、夏梢生长；适当使用营养型叶面肥，于盛花期至幼果期喷施叶面肥。

（2）疏花疏果

①时间。花蕾期疏花，7月中旬定果后疏果，套袋前疏果。

②方法。多花树春季适度剪去花枝，减少花量。定果后按（60～70）：1控制叶果比。结果过多的树，可进行疏果，先疏去病虫果、畸形果，后疏小果。

（3）套袋

①套袋时间在8月下旬至9月。

②纸袋选用抗风吹雨淋、透气性良好的专用遮光纸袋。应在果实采前10 ~ 15天去袋。

六、肥水管理

1.肥料管理

(1)肥料种类

肥料优先考虑饼肥及其他有机肥，如豆饼、菜籽饼、花生饼、豆粕。商品有机肥应选择使用经主管部门登记管理的肥料。适当选择和控制使用化肥。

(2)幼龄树施肥

①定植当年，成活后至8月中旬，每月每株施一次沼液或10%腐熟人粪尿，也可施0.8% ~ 1.0%尿素速效肥5 ~ 6千克。8月中旬至11月上旬停止施肥，11月中下旬施越冬肥，以饼肥或豆粕肥为主。

②第二年至第三年,每次抽梢前施一次速效肥（2月、4月、6月、8月各施一次），11月中下旬施越冬肥，以饼肥或豆粕肥为

好。年施肥量：每株折合施尿素0.5 ~ 1.0千克，氮：磷：钾以1 ：0.5 ：0.5为宜。

（3）结果树施肥

①施肥时间。芽前肥：2月下旬至3月中旬；壮果肥：初结果树7月上旬施一次，盛果期大树7月上旬至9月上旬可利用雨天视结果量分2 ~ 3次施入；采果肥：12月上旬（采后即施）。

②施肥量。根据优质高效栽培要求，每公顷施肥量为氮磷钾有效成分800 ~ 1 000千克，氮：磷：钾以1 ：（0.6 ~ 1）：（0.8 ~ 1）为宜。

③施肥比例。芽前肥：以速效肥为主，可用豆粕或复合肥，施肥量占全年的15% ~ 25%；壮果肥：以速效肥为主，可用豆粕加钾肥，氮、磷、钾配合，施肥

量占全年的35%～50%；采果肥：速效肥与迟效肥相结合，可用豆粕、饼肥或其他有机肥，施肥量占全年的40%～60%。

（4）施肥方法

① 根际施肥。在树冠滴水线处，采用环状或放射形沟施，芽前肥、采果肥常用此法。

② 地面撒施。下小雨前后，撒在树冠投影下土面并浅松耕覆土，幼龄树生长期促梢肥、壮果肥常用此法。

③ 根外追肥。选择树体所需要的营养元素或适当叶面肥进行树冠叶面喷施。宜选傍晚、阴天或结合树冠喷洒农药进行，冬季低温季节在晴天中午前后喷施。采后立即喷施。

2.水分管理

（1）灌溉时间

甜桔柚在春梢萌动期、开花期、果实膨大期及采后对水分敏感，如遇干旱应及时灌溉。

（2）排水

多雨季节或园内积水时要及时排水。

七、病虫害防治

1.防治原则

加强病虫预测预报，在对生产基地有害生物进行检疫、监测和风险评估的基础上，坚持“预防为主，综合防治”的植保方针，做到病虫适期防治，科学用药。

2.农业防治

（1）种植管理

①新建果园应深翻改土，增施有机肥，合理施用氮肥和钾肥。培植甜桔柚树势，提高植株抗病虫害能力。

②科学修剪，促进果园群体和个体通风透光。

（2）生草栽培

①宜种植三叶草、鼠茅、藿香蓟等优良草种。剔除恶性杂草，保留自然生长的草类，改善果园小气候和生态环境，创造有利于害虫天敌生存繁殖的环境。

②适时刈割，留茬5～10厘米，覆盖在树盘周围。

(3) 冬季清园

①清园。宜在冬季休眠后或春芽萌动前，结合冬季修剪，剪除枯枝、病虫枝，及时将修剪下来的病枝、枯枝、落果、落叶等集中清理并移出果园，进行无害化处理；修剪后全园喷施3 ~ 5波美度石硫合剂。

②树干涂白。晚秋（11月上旬）或早春(3月上旬）将树体的主干均匀涂白，涂白高度以离地50厘米为宜。

涂白剂配制：用生石灰0.5千克、硫黄0.1千克、水3 ~ 4千克、食盐30 ~ 50克、动植物油30 ~ 50克混合调匀。

3.物理防治

①灯光诱杀。用黑光灯和频振式杀虫灯诱杀吸果夜蛾、金龟子、潜叶蛾等害虫。在果园外围每5 ~ 10亩安装1台杀虫灯，悬挂于树体高度的2/3处，8—11月晚上8—12时开灯。

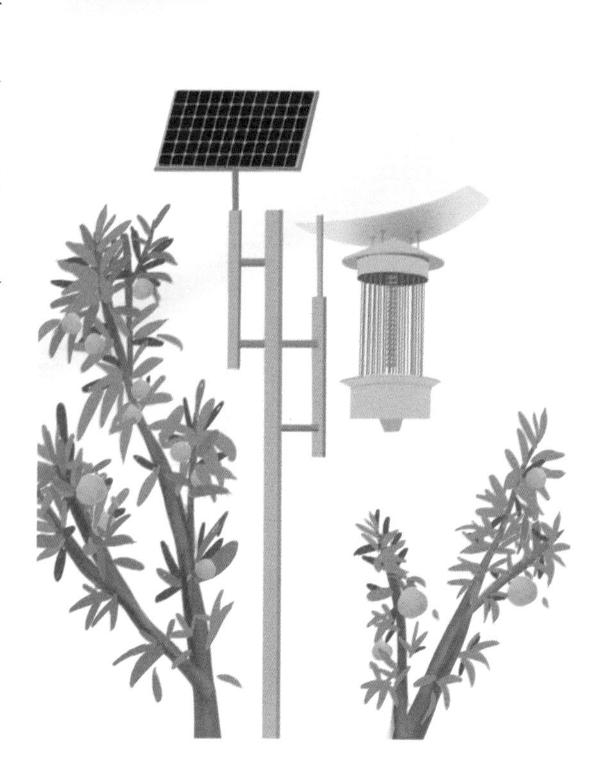

②利用趋性诱杀。利用害虫对糖醋液的趋性，在糖醋液中加入农药诱杀。

③色板诱杀。可用黄板诱杀蚜虫、实蝇等害虫，用蓝板诱杀蓟马等害虫。每2～3棵树悬挂1块色板，悬挂高度在1.5米左右。根据诱虫情况及时更换色板。

④采用粘虫球诱捕柑橘小实蝇等。

⑤人工捕杀。人工捕杀天牛、蝉、金龟子等害虫。

⑥适时套袋。

4.生物防治

①保护和利用天敌。利用瓢虫、草蛉、螳螂等捕食性天敌，或赤眼蜂、丽蚜小蜂、广大腿小蜂、肿腿蜂等寄生性天敌防治害虫。

②人工引移、饲放天敌。如释放异色瓢虫、胡瓜钝绥螨、巴氏钝绥螨防治害虫。

③性诱剂诱杀。采用性诱剂诱杀潜叶蛾、实蝇等害虫。每亩悬挂4～7个诱集器，悬挂于树干距地面1.5米左右处，7月上旬至11月下旬悬挂。根据虫情及时更换或回收诱集器。

5.应急化学防治

①加强病虫预测预报，实行达标防治。

②尽量减少化学农药应用，控制环境污染；可选择病虫害较严重的植株单独防治；对症下药，注重喷药质量；交替使用不同药剂，以延缓病虫抗药性的产生。

③应选择柑橘类水果已登记的农药品种，优先选择列入《绿色食品　农药使用准则》（NY/T 393—2020）的农药种类。

④农药使用按《柑橘主要病虫害防治技术规范》（NY/T 2044—2011）规定执行，注意残留期，严格执行安全间隔期，严禁使用国家明令禁止使用的农药。

主要病虫害防治方法可参照表6。

表6　甜桔柚主要病虫害综合防治方法

病虫害名称	防治要点	非化学防治方法	应急化学防治
褐斑病	4—5月是病害防治的关键期，其中以春梢3～5厘米时和落花期两次防治最为关键	加强栽培管理，合理施肥，及时排灌，适当修剪，清洁果园，减少初侵染源	选用代森联、苯醚甲环唑等防治
黑点病、炭疽病	新梢抽发期、幼果期、大风暴雨过后加强防治	加强肥水管理，健壮树势，合理修剪，促进通风透光，提高树体抗病能力。及时清洁树体，去除枯枝、枯叶及病虫枝叶，并带出园外，减少病源。上一年发病较重的园块注意喷药保护	春季芽前采用石硫合剂清园，幼果期选用代森锰锌、氢氧化铜等防治

（续）

病虫害名称	防治要点	非化学防治方法	应急化学防治
树脂病	加强管理，增强树势；做好防冻、排涝、抗旱及防日灼工作	早春结合修剪，剪除病枝梢和徒长枝，集中销毁	春芽萌发期及幼果期选用甲基硫菌灵、多菌灵和代森锰锌等进行叶面喷雾
青绿霉病	采收时要防止果实遭受机械损伤	防止果实受伤；提前7天用硫黄密闭熏蒸贮藏库；严格选择入库果，剔除病果、伤果	—
蚜虫	春梢、夏梢和秋梢萌发时是蚜类的暴发期，注意防治	结合冬季修剪，剪除被害枝条，清除越冬虫卵；保护利用天敌；使用黄色粘虫板诱杀有翅蚜	在嫩梢上发现有无翅蚜危害或当新梢有蚜率达到25%时，优先选择吡虫啉、啶虫脒、噻虫嗪等进行防治
螨类	防治指标：冬、春季清园平均每叶1头；春季平均每叶2～3头；秋季平均每叶3头。越冬期、4月第一次发生高峰期和9月第二次发生高峰期为防治重点时期	做好冬季清园，控制害虫基数。加强水肥管理，增强树势，做好生草栽培，有条件的基地释放巴氏钝绥螨、胡瓜钝绥螨等	开花前后低温条件下选用乙螨唑、螺螨酯等药剂；花后和秋季气温较高时，选用联苯肼酯、矿物油和代森锰锌等

（续）

病虫害名称	防治要点	非化学防治方法	应急化学防治
天牛	成虫4—5月开始出现，5月下旬至6月中旬为盛发期，注意防治	产卵盛期清刷树干，用泥土堵塞树枝上孔洞。初孵幼虫期，用小刀削除幼虫和卵，成虫盛发期，在晴天中午人工捕杀	选择高效氯氰菊酯喷洒主干及枝叶杀灭成虫
介壳虫	春梢萌芽前（2月中旬至3月上旬）或5月下旬、7月中旬、9月上旬孵化盛期，注意防治	做好清园管理，及时剪除带虫的枝条，移出果园外并进行销毁处理	越冬清园，春季发芽前清园喷松碱合剂，春季萌芽后喷矿物油、噻嗪酮等；5月中旬至6月上旬第一代幼蚧高峰期、7月中旬至8月上旬第二代幼蚧高峰期、9月中下旬第三代幼蚧高峰期重点防治，可选择噻嗪酮、螺虫乙酯等药剂防治

（续）

病虫害名称	防治要点	非化学防治方法	应急化学防治
粉虱	抓住一至二龄若虫期进行防治	挂诱虫板防治	药剂选择噻嗪酮、吡虫啉等；各代一至二龄若虫盛发期是药剂防治的最佳时期，其中4月下旬至5月上中旬第一代一至二龄若虫盛发期是一年中防治的关键时期
潜叶蛾	嫩梢抽发盛期开始防治，芽长1～2厘米开始，间隔7～10天一次，直至停梢	采用灯光、性诱剂、糖醋液等诱杀	可选择苏云金杆菌、甲氨基阿维菌素苯甲酸盐等喷雾防治
生理性缺素症	缺素症有缺氮、缺硼、缺磷、缺钾、缺镁、缺钙等。加强日常管理，发现症状及时防治	加强水分管理，及时灌溉。实施果园生草栽培，保持土壤湿润	根据实际生产情况，施加肥料，适时补充树体营养

（续）

病虫害名称	防治要点	非化学防治方法	应急化学防治
日灼病	关注朝天果、外层果实和7—8月高温天气预防	树干涂白，疏果时先疏朝天果，外层果朝阳面涂白。大棚种植可覆盖高透光率遮阳网	—
裂果	久旱或久旱突降大雨、雨水过多时，易发生裂果	加强土壤管理，增加土壤有机质含量，改良土壤结构，提高土壤保水性能；伏旱期间，采用少量多次的方式及时灌水，降雨后要及时排除积水	—

八、采收贮运

1.采收

(1) 采收时间

在果实正常成熟，表现出本品种固有的品质特征（色泽、香味、风味和口感等）时适时分批采收。在早霜来临之前采收。

(2) 采收方法

采收时按照从下到上、从外至内的采收原则，严格采用“一果二剪”的方法，第一剪带果柄剪下，第二剪把果柄剪至与果蒂相平，采收时要轻拿轻放。

(3) 基本要求

果形端正，果肉橙黄色、柔软多汁、甘甜爽口、无酸味、有香气、无核或少核、甜度高、组织紧密、无异味；污染物限量应符合《食品安全国家标准　食品中污染物限量》（GB 2762—

2017）的规定；农药最大残留限量应符合《食品安全国家标准　食品中农药最大残留限量》（GB 2763—2021）的规定；理化指标应符合表7的规定。

表7　理化指标

项 目	指 标	检测方法
可溶性固形物含量（%）	≥11	按《水果和蔬菜可溶性固形物含量的测定　折射仪法》（NY/T 2637—2014）的方法测定
可滴定酸含量（%）	≤ 0.7	按《食品安全国家标准　食品中总酸的测定》（GB 12456—2021）的方法测定
每100克果实维生素C含量（毫克）	≥15	按《食品安全国家标准　食品中抗坏血酸的测定》（GB 5009.86—2016）的方法测定

（4）等级划分

①感官指标。按感官指标分为特级、一级和二级，各等级具体要求应符合表8的规定。

表8　感官指标等级划分

项 目	等 级			检测方法
	特级	一级	二级	
色泽	着色均匀一致、果皮光亮		着色均匀良好、果皮光亮	目测品种特征、外形、色泽
果面	果面光洁，无机械损伤、裂果、日灼斑、病虫斑、药斑等	无裂果、日灼斑、药斑，机械损伤和病虫斑总面积不超过果皮总面积的5%	无裂果、日灼斑、药斑，机械损伤和病虫斑总面积不超过果皮总面积的10%	
横径（毫米）	>80 ～ 90	>75 ～ 80	65 ～ 75	用游标卡尺测定产品的横径

②等级允许误差。等级的允许误差按果实数量计：特级允许

有5%的产品不符合该等级的要求，但应符合一级的要求；一级允许有10%的产品不符合该等级的要求，但应符合二级的要求；二级允许有10%的产品不符合该等级的要求，但应符合基本要求。

（5）包装

包装材料应清洁卫生、无毒、无害、无异味，并符合《新鲜水果、蔬菜包装和冷链运输通用操作规程》（GB/T 33129—2016）的规定。包装盒外应印制浙农码、食用农产品承诺达标合格证，并标注产品名称、等级、产地、采收日期、包装日期、生产单位等。

2.贮运

（1）运输

运输工具应清洁卫生、无异味，不应与有毒、有害、有异味、易污染的物品混装、混运。严禁烈日暴晒和雨淋。搬运时应轻搬轻放，防止挤压、碰撞。长途运输应采用冷藏运输工具。

（2）贮存

按《柑橘储藏》（NY/T 1189—2017）的规定执行，贮存温度以5 ~ 8℃为宜，贮存期以60 ~ 90天为宜。

九、农产品地理标志

2019年，“庆元甜桔柚”成功获得国家农产品地理标志登记保护。“庆元甜桔柚”农产品地理标志保护地域范围为东经118°50′—119°30′，北纬27°25′—27°51′。保护区域：庆元县域内松源街道、屏都街道、濛洲街道、黄田镇、竹口镇、荷地镇、左溪镇、百山祖镇、贤良镇、隆宫乡、淤上乡、安南乡、五大堡乡、岭头乡、举水乡、张村乡、江根乡、官塘乡、龙溪乡等19个乡镇（街道）345个行政村。

农产品地理标志
登记证书

中华人民共和国农业农村部

经审定，登记申请人申报的农产品符合农产品地理标志登记条件和相关技术标准要求，准予登记并允许在农产品或农产品包装物上使用农产品地理标志公共标识，特颁此证。

核准登记产品全称：庆元甜桔柚

登记申请人全称：庆元县农业产业发展服务中心

产品生产总规模：1000公顷，21000吨/年

质量控制规范编号：AGI2019-03-2675

登记证书编号：AGI02675

保护规模：现有种植面积1 000公顷，年产量2.1万吨，保护区面积18.98万公顷。

十、承诺达标合格证和追溯二维码

庆元甜桔柚上市销售时，相关企业、合作社、家庭农场等规模生产主体应出具承诺达标合格证。

鼓励使用二维码等现代信息技术和网络技术，建立产品追溯信息体系，将庆元甜桔柚从生产、运输流通到销售等各节点信息互联互通，实现从生产到餐桌的全程质量控制。

承诺达标合格证

我承诺对生产销售的食用农产品：

□不使用禁用农药兽药、停用兽药和非法添加物

□常规农药兽药残留不超标

□对承诺的真实性负责

承诺依据：

□委托检测　　□自我检测

□内部质量控制　　□自我承诺

———————————————————

产品名称：　　数量（重量）：

产　　地：

生产者盖章或签名：

联系方式：

开具日期：　　年　　月　　日

十一、关于庆元甜桔柚的小故事

日本知名柑橘专家铃木富和牧田好高2010年应邀来到庆元县对庆元甜桔柚的种植发展情况进行了考察交流，看到长势喜人的甜桔柚，他们欣喜万分，感叹道“甜桔柚终于找到了最适宜它的家园！”。现任中国书法家协会顾问、西泠印社副社长、浙江省书法家协会名誉主席朱关田先生曾在品尝了庆元甜桔柚后，大赞其口味清新怡人，即兴提笔挥毫写下“庆元甜桔柚”五个古朴有力、饱满厚重的大字。庆元县将朱关田先生题写的“庆元甜桔柚”字样注册了文字图样保护，供全县达到标准的甜桔柚生产企业在外包装上统一使用。

参 考 文 献

范恺凯, 2019. 浅谈浙江省特色水果产业的发展——以庆元甜桔柚为例[J]. 农村经济与科技, 30(7):190, 193.

李伟, 李欣, 2014. 好山好水好桔柚——浙江庆元县“外婆村”甜桔柚成长记[J]. 食品安全导刊 (Z2):21-23.

李玉萍, 叶露, 梁伟红, 等, 2021. 我国柑橘类地理标志产品发展现状与路径[J]. 中国果树 (12):93-98, 108.

莫星煜, 毛玲莉, 王梓, 等, 2021. 国内外柑橘产业发展现状综述[J]. 农村实用技术 (2):9-10.

祁春节, 顾雨檬, 曾彦, 2021. 我国柑橘产业经济研究进展[J]. 华中农业大学学报, 40(1):58-69.

王梦萍, 练健俊, 李泽鹏, 等, 2022. 庆元县甜橘柚产业发展现状与对策[J]. 农业科技通讯 (1):14-17.

王燕斌, 2020. 浙江省柑橘产业高质量发展之我见[J]. 浙江柑橘, 37(2):2-5.

吴远海, 郭建国, 吴振伙, 等, 2020. 有机肥施用技术对甜橘柚品质、产量影响及其经济效益分析[J]. 江苏林业科技, 47(3):38-41.

吴宗菊, 2020. 甜橘柚高产栽培技术分析[J]. 新农业 (9):37-38.

伊华林, 刘慧宇, 2022. 我国柑橘品种分布特点及适地适栽品种选择探讨[J]. 中国果树

(1):1-7.
尹瑞安, 郑世伟, 张银涛, 等, 2020. 庆元甜桔柚主要病虫害综合防控措施研究 [J]. 农业开发与装备 (9):152-154.
郑雪良, 程慧林, 2020. 衢州柑橘产业发展对策研究 [J]. 浙江柑橘, 37(2):6-8.
周秋慧, 2014. 浅析庆元甜桔柚优质高效生产技术推广 [J]. 农民致富之友 (10):170.
朱志东, 2016. 甜桔柚在浙江省庆元县的表现 [J]. 生物技术世界 (5):82.